超可愛

Q萌雞蛋料理

陳凱蓉 著
Kitty Chan

雞蛋的萌系早午餐

用雞蛋開始每一天

每天起床煮早餐已經成為重要的日常習慣。梳洗過後總是理所當然地將平底鍋置於電磁爐上，打開冰箱取出兩顆雞蛋，搭配酪梨和一些當季蔬菜，設計一個讓自己心情愉悅的擺盤，在日光下慢慢享用，再計劃一天的工作。

雞蛋是我的主要食糧，早餐、午餐、下午茶或晚餐都有可能吃到，反正有雞蛋吃就覺得安心，營養足也不會餓肚子。要數雞蛋的優點實在太多太多了，它容易買到也容易料理，黃白相間的漂亮色彩，看著已經食指大動。蛋的烹調方法千變萬化，容許你發揮創意，盡情探索，單是改變烹煮溫度和時間，成品已經大不相同；趕時間煎蛋炒蛋數分鐘就可以吃，花巧一點溫泉蛋、茶碗蒸、烘蛋、玉子燒，可以甜也可以鹹，更可以給人不同的口感層次。包容性高與任何食物都合得來，不管跟什麼結合，都能迸發出令人垂涎三尺的美味菜式。即便是搭配吐司麵包，也能延伸出法式吐司、麵包布丁和三明治等菜式。如此神奇的雞蛋，怎能不愛？

至於在餐盤上創作是近年才開始的興趣，或許有人會覺得這樣好花時間啊，餐點不會冷掉不好吃嗎？還有最常聽到的「這麼可愛怎麼捨得吃啊！」，吃我倒是非常捨得的，親手摧毀也是另一種快感，而且不吃又餓又浪費食物。一直都是個喜歡創作的人，以前做手作一堆羊毛、毛線、不織布、刺繡等等成品，有時會覺得太佔空間，現

陳凱蓉
kitB

在換了另一個創作模式，作品拍照後可以吃掉消化變成營養，對於講求實用性的我來說非常合適！除了鍛練創意，這也是一種生活情趣。透過餐點記錄此刻的心情或是特別的日子，每次在腦海中構思，繪畫草圖到實際製作，都會出現意想不到的驚喜，有時比幻想更美好，有時需要臨時變更，都非常有趣味。我期待自己的作品除了好看也必須好吃，雖然有時會忘記放鹽，但不會只為了好看而影響口感和味道。

這本書巧妙將入門雞蛋料理變可愛，搭配不同種類的早餐菜式，製作不會花費太多時間、不需要高超廚藝的療癒雞蛋料理。透過一幅幅可以吃的插畫，你也可以成為歡笑大使，將快樂傳遞給更多人。

Contents

Part1 太陽蛋造型食譜

Part2 雞蛋造型食譜

可愛早餐料理，廚房新手也可以輕鬆達成

「可愛與美味兼備，是每個人都可以享用的童心」

雞蛋俠

設計理念

→ 以「看起來我也可以做到，好想試試看啊！」設計的可愛早餐料理，廚房新手也可以輕鬆達成。

→ 使用容易獲得的食材，加上詳盡食譜及圖片解說製作方法，保證跟著做就可以成功！

→ 用大家都喜歡的雞蛋為主角，可愛與美味兼備，是每個人都可以享用的童心。

如何使用本書

→ 利用烹調食物的等待時間，同時處理造型用的起司片和海苔，既省時也可以在食物還溫熱時完成擺盤。

→ 書中沒有逐一展示造型步驟，依照圖樣預備好裝飾部件後，參考完成圖的位置放上就可以了。

雞蛋小知識

☑ 最完美的蛋白質來源
以雞蛋喚醒身體
迅速獲得營養
迎接每一天

☑ 早餐界之王者
雞蛋俠

☑ 重量
50 g

☑ 能量值
70 卡洛里

☑ 營養價值
蛋白質 6 g
碳水化合物 0 g
糖 0 g
脂肪 5 g
膽固醇 186 mg
維生素、礦物質共 13 種

蛋白二哥

凝固溫度約 75 度。

蛋殼大哥

蛋殼上有多達 17,000 個小孔
蛋殼顏色跟蛋雞羽毛的顏色有關，但對雞蛋營養價值沒有影響。

蛋黃小弟

凝固溫度約 65 度。
蛋黃顏色取決於飼料所含的食物，如飼料含玉米、胡蘿蔔、紫花苜蓿等植物，蛋黃會偏向橙色，深色的蛋黃含豐富維生素和 Omega-3。

儲存注意事項

❶ 雞蛋買回來後不需清洗，以免破壞蛋殼外層薄膜，讓細菌入侵。

❷ 以圓端朝上的方式存放於冰箱，利用氣室固定蛋黃，延長保鮮期。

❸ 冰箱溫度以 5 ~ 7 度為佳，並應避免放在冰箱門旁，因為每次開冰箱溫度都會有轉變，令雞蛋容易變質。

❹ 不要跟有強烈味道的食物放在一起。

❼ 打洞器

日式百元商店可以找到便當用的各種打洞器，可同時製作眼睛和鼻子，非常方便。也可利用文具店買的單孔打洞器，將海苔裁切成圓形作眼睛。

❸ 煎蛋模具

想煎出形狀漂亮的雞蛋時，可以利用煎蛋專用的模具。

❹ 小剪刀

細節部分用尖頭小剪刀較易處理，可以買縫紉或修眉用的小剪刀。

❺ 鉗子

放上裝飾用的起司片和海苔時，使用尖頭鉗子更得心應手。

❾ 起司片

預備黃色和白色兩種起司片即可變化多種造型。一次用不完的起司片，可用保鮮袋或密封容器存放在冰箱中。造型餘下的起司邊則可以留起來，在烤馬鈴薯、煮義大利麵或熱烘三明治時使用。

❻ 小刀

刀刃較小的刀子比較容易切割細緻造型，專用小刀可在日式百元商店購入，也可利用家裡的尖頭小刀；切割起司片也可使用牙籤，不平滑的邊緣用手指按壓一下即可。

❶ 不沾平底鍋

使用家裡慣用的不沾平底鍋就可以了,尺寸不限。

❷ 鍋鏟

我喜歡使用鏟頭較薄和有彈性的鍋鏟,可以輕易滑進太陽蛋和平底鍋之間。

烹調工具
❶ 不沾平底鍋 ❷ 鍋鏟 ❸ 煎蛋模具

造型工具
❹ 小剪刀 ❺ 鉗子 ❻ 小刀 ❼ 打洞器
❽ 餅乾模具

造型食材
❾ 起司片 ❿ 海苔 ⓫ 番茄醬 ⓬ 美乃滋

⓫ 番茄醬

買一個尖嘴的瓶子,倒入番茄醬儲存在冰箱。使用尖嘴口可輕易幫所有造型加上可愛的腮紅,也可以在盤子上寫字。每次使用前記得先擠少許在紙巾上測試,以免番茄醬內的水份影響造型效果。

⓬ 美乃滋

並非一定要使用,因為太陽蛋表面有黏性,海苔和起司片放上都不會移位,但若遇上黏不穩的情況,美乃滋就要出動了,使用時輕輕沾上一點即可。

❽ 餅乾模具

不同形狀、大小的餅乾模具,可以用來裁切起司片和各種蔬菜,最常利用的是圓形、橢圓形、星形和動物形狀。買不到橢圓形模具的話,用力將圓形模具壓扁即可。比較細小的圓形,也可以用吸管壓出來。

❿ 海苔

因為每次用量不多,可購買小片獨立包裝的海苔,比較方便儲存,用不完的部分可放進保鮮袋密封,之後盡快用完即可。

用太陽蛋玩造型簡單又有趣

「只要掌握幾個重點就能每天吃到如同陽光普照大地的太陽蛋了」

把「每天起床煮早餐」培養成重要的日常習慣，打開冰箱取出雞蛋，搭配酪梨和一些當季蔬菜，設計一個讓自己心情愉悅的擺盤，在日光下慢慢享用，享受生活每一天。

Part 1

太陽蛋造型食譜

如何煎出漂亮的太陽蛋？

「太陽蛋秘技大公開！」

吃早餐是非常重要又有營養的事，用太陽蛋玩造型更是簡單有趣，但要煎一顆漂亮的太陽蛋可不簡單啊！為什麼自己做總是煎得東倒西歪？太陽蛋到底有什麼神秘技巧！這篇為大家一一剖析，只要掌握幾個重點，就能每天吃到如同陽光普照大地的太陽蛋了！

❶ 雞蛋品質

要煎一顆閃閃發亮的太陽蛋，雞蛋的品質非常重要，好的食材確實帶給你美滿人生。

蛋黃的顏色取決於母雞吃的食物，不同的來源地和飼養方式也影響雞蛋的品質；我平常使用進口的日本雞蛋，因為喜歡它橘橙的顏色，建議比較來自不同農場的雞蛋，挑選自己最喜歡的品種，甄別食材也是一種樂趣啊。

雞蛋品質很重要！建議比較來自不同農場的雞蛋，挑出最喜歡的品種。

鑑別一顆雞蛋的品質是否良好，可以參考以下幾個因素：

☑ 蛋黃外層有一層透明薄膜，有彈性、結實不容易破散。

☑ 蛋黃圓鼓鼓，不會像爛泥一樣軟趴趴的。

☑ 蛋白則會分成濃稀兩部分且稠密透明，雞蛋越新鮮，蛋白分界越明顯。

❷ 小火慢煎

平常如果用不沾鍋煎蛋，很注重油分吸收的話可以不放油，但要有油才能煎到焦香的邊緣，因此依個人喜好調整即可。

煎蛋的時候我都用最小的火，鍋子太熱或火太猛，蛋白就會起泡泡，看起來沒那麼平整光滑；如果鍋子太熱，可以先將鍋子放在濕毛巾上稍稍降溫。我也習慣不用鍋蓋、不加水，放置讓太陽蛋慢慢變熟，在表層蛋白還未全熟時就可以關火，餘溫會持續將它煮熟，吃的時候就是剛好嬌嫩，黏黏的一層也比較方便將海苔貼穩。

❸ 使用模具

「除非有特殊造型需要，不然我平常都不太用模具。（避免多洗一項工具）以模具煎蛋除了外型較整齊，太陽蛋也比較厚實，吃起來口感較佳。」

使用模具的時候有幾個小技巧，例如可以先煎一半蛋白，再將蛋黃倒上去。若想將蛋黃固定在想要的地方，可以用手指頂著蛋黃，等它附近的蛋白凝固就可以放手了，這動作蠻好玩的，不要怕弄髒手，我最喜歡摸蛋黃哥了。

星形模具　　　　　　　　　　　　　圓形模具

❹ 去除繫帶

打開一顆新鮮的雞蛋，會發現蛋黃和蛋白之間有一團白色的異物，那是用來固定蛋黃不受碰撞的卵繫帶。煎太陽蛋的時候，如果不小心讓它跑到蛋黃上面，就會出現一條白色橫線，此時可以用筷子或鉗子將它去除，除了較美觀，吃起來口感也比較順滑。

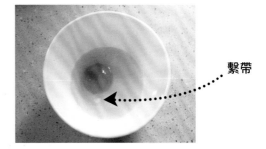

繫帶

❺ 預先打進碗中

養成一個小習慣，在煎雞蛋之前先將其打在小碗中，除了可以確定雞蛋新鮮沒壞之外，不小心殘留蛋殼還可以預先撿走，倒進平底鍋時也比較容易控制。

TIPS

很多常見的家常抹醬，都跟太陽
蛋非常合得來，放幾罐在家中，
預備早餐時只需在吐司麵包上塗
滿抹醬，再放上可愛的太陽蛋，
立即就可以開動了。除了篇裡使
用的幾種抹醬，其他如奶油、花
生醬、榛子醬、奶油起司醬、抹
茶醬、可可醬和黑芝麻醬等，通
通可以利用唷！

 Story

噹噹噹！森林小學的鐘聲
響起了！小鹿、ㄚ熊和狗
兒趕緊跳上自己的吐司飛
毯，隨著大風刮起，三張
不同顏色的飛毯在空中飛
揚，大伙開心上學去。

14

太陽蛋動物園
三色抹醬吐司配太陽蛋

材料
吐司麵包 ....3 片
雞蛋 ....3 顆
瑞可塔起司 ...... 適量
紅菜頭醬 .... 適量
杏仁醬 .... 適量

造型材料
海苔
起司片（黃色）
番茄醬

 作法

1 雞蛋先打進碗中。（圖 1）

2 平底鍋預熱後，放上煎蛋用的模具，再將雞蛋倒進去。（圖 2）

3 小火將雞蛋煎至想要的熟度，用小刀協助脫模。

4 煎蛋的時候，可以同時預備造型用的配件。（圖 3）

→ 丫熊：用圓形模具將起司片切成圓形，用打洞器在海苔打三個圓形，以小剪刀剪出嘴巴。（圖 4）

→ 小鹿：小剪刀剪出鹿角和鼻子，打洞器在海苔打兩個圓形。（圖 5）

→ 狗兒：小剪刀剪出耳朵和鼻子，打洞器在海苔打兩個圓形。（圖 6）

5 在吐司麵包上塗上抹醬，放上太陽蛋。（圖 7 ~ 8）

6 放上造型用的海苔和起司片，最後擠上番茄醬作腮紅。（圖 9 ~ 12）

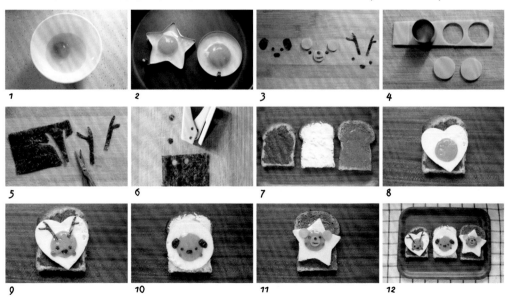

1 2 3 4

5 6 7 8

9 10 11 12

可愛的花子
醬烤杏鮑菇配太陽蛋

材料

雞蛋 ....1 顆
四季豆 ....5 條
杏鮑菇 ....1 朵
小番茄 ....2 粒
日式燒烤醬油 .. 適量

造型材料

起司片（黃色）
海苔
番茄醬

作法

1 杏鮑菇切小塊，拌進日式燒烤醬油，用錫紙包起，放進烤箱用 180 度烤約 15 分鐘。（圖 1）

2 四季豆切去末端後再切小段。（圖 2）

3 將四季豆、小番茄和雞蛋同時放進平底鍋煎煮。（圖 3）

4 在雞蛋上放上四季豆作為小花的莖和葉子。（圖 4）

5 將起司片切割成小三角形。（圖 5）

6 用打洞器和小剪刀將海苔剪成所需形狀。（圖 6）

7 依次將材料放在盤子上，擠上番茄醬作腮紅。（圖 7～8）

1　　　　　　2　　　　　　3　　　　　　4

5　　　　　　6　　　　　　7　　　　　　8

Story

花子是我的鄰居，她最喜歡曬太陽了！每個晴天的日子，她都坐在屋子外面，一身健康膚色。每次見到她，對著天空展露燦爛笑容，心情都會變得特別晴朗。

Story

貪吃的阿喵為了每天吃到心愛的早餐，從來不會熬夜，晚上就開始期待第二天早晨的鮮魚。看牠一臉滿足的樣子，就知道吃早餐是多麼美好的事情啊！

阿喵的早餐
太陽蛋吐司

材料
吐司麵包 ....1 片
雞蛋 ....1 顆
小番茄 ....1 顆

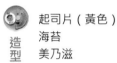

造型材料
起司片（黃色）
海苔
美乃滋

作法

1 用貓形餅乾模具，在吐司麵包上半部切出貓頭的形狀，注意預留下方 ¼ 位置不要切斷。（圖 1）

2 將貓頭向上摺起，如果會倒，後面可用一顆小番茄承托。（圖 2）

3 用打洞器和小剪刀將海苔剪成所需形狀。（圖 3）

4 用刀將起司片切成所需形狀。

5 用橢圓形模具壓出貓咪的手部。（圖 4）

6 用美乃滋將海苔和起司片黏在貓咪臉上。（圖 5 ~ 6）

7 太陽蛋用平底鍋煎好，放在麵包上，在太陽蛋放上裝飾用的起司片和海苔。

1

2

3

4

5

6

完成圖

TIPS

通心麵和番茄醬可預先煮好，放進冰箱儲存，預備早餐時加熱即可，調味料可依個人喜好調味，直接購買紅醬包亦可。

Story

豬媽媽趕著出門忘了煮早餐，豬紳士起床大叫好餓啊！他走進廚房翻箱倒櫃，找到自己最喜歡吃的番茄，就來煮番茄麵吧！這麼簡單我也可以煮啊！

豬紳士的番茄麵

番茄醬雜豆通心麵配太陽蛋

材料

通心麵 .... 半杯
紅腰豆（罐頭）適量
番茄醬（罐頭）半罐
雞蛋 ....1 顆
起司絲 .... 適量

造型材料

海苔
小番茄
番茄醬

作法

1 依包裝指示將通心麵煮好，瀝乾備用。（圖 1 ～ 2）

2 將罐頭番茄醬倒進平底鍋，罐頭紅腰豆瀝乾水份加進鍋中，以適量橄欖油、香草、鹽、糖和黑胡椒（配方外）調味。（圖 3）

3 將通心麵加進煮好的茄汁中拌勻。（圖 4 ～ 6）

4 平底鍋洗淨後煎太陽蛋。（圖 7）

5 小番茄切四份，其中一份中間切開，即成小領帶。（圖 8）

6 用小剪刀將海苔剪成所需形狀。

7 用蛋白邊或白色起司片切出兩個小三角形。（圖 9）

8 將通心麵先置於盤子中，放上起司絲，再放太陽蛋。（圖 10 ～ 11）

9 將造型用的海苔、蛋白和番茄放在太陽蛋上，最後用番茄醬畫上嘴巴和腮紅。（圖 12）

你看你看，我今天是不是閃閃發亮呢？因為我要出發執行任務，在銀河上飛翔，收集人類誠心祈求的願望，一個一個替他們實現！你有什麼願望要跟我說呢？

閃亮的小流星

義式小麵包配鵪鶉蛋

材料

法國麵包 ....1 個
小番茄 ....2 顆
鵪鶉蛋 ....3 顆
酪梨 ....半顆
檸檬 ....半顆

造型材料

黑芝麻
海苔
番茄醬

作法

1 將法國麵包切成厚片，厚片放上平底鍋烘熱。（圖 1）

2 酪梨對半切開，酪梨切小顆粒，擠上檸檬汁。（圖 2）

3 將酪梨置於小碗中，以叉子將酪梨壓成泥。（圖 3）

4 小番茄洗淨切小塊。（圖 4）

5 厚片放上 1/3 酪梨醬、番茄塊。（圖 5～6）

6 在預熱的平底鍋放上星形餅乾模具，將鵪鶉蛋打進模內，以小火煎熟。（圖 7）

7 用小刀輔助脫模，將蛋放在麵包上。（圖 8）

8 以鉗子放上黑芝麻粒。（圖 9）

9 小剪刀將海苔剪成嘴巴的形狀，用鉗子放上去，在臉頰位置擠上番茄醬。

TIPS

酪梨直接連皮切小顆粒，再用湯匙挖出來即可。

在距離太陽系3756光年的地方，有一個花生醬星雲，那裡盛產花生，每一顆星球都喜歡吃花生醬三明治作早餐，吃完都笑咪咪迎接每天新挑戰，對生活充滿鬥志。

吃掉一顆星球

花生醬三明治配太陽蛋

材料

吐司麵包 ...2 片
花生醬 ... 適量
雞蛋 ...1 顆

造型材料

起司片（黃）
海苔
番茄醬

作法

1 用星形餅乾模將吐司麵包壓出星形。（圖1）

2 用小一號的星形餅乾模具在其中一片星形麵包中間切出一個小星形。

3 在完整的星形麵包上塗上花生醬，放上有洞的星形麵包。（圖2）

4 在平底鍋用星形模具煎太陽蛋。（圖3）

5 用打洞器和小剪刀，將海苔及起司片剪成所需形狀。

6 將星星三明治和太陽蛋置於盤子上，放上裝飾用的海苔和起司片，擠上番茄醬作小星球的腮紅。（圖4～5）

TIPS

將番茄醬裝進尖嘴小膠瓶，畫畫就更得心應手了！

1

2

3

4

5

完成圖

網中蜘蛛俠
烤乳酪吐司配太陽蛋

材料

吐司麵包 ....1 片
起司片 ....1 片
雞蛋 ....1 顆

造型材料

起司片（白色）
海苔
番茄醬

作法

1 吐司平均切條，交替織成網狀。（圖 1 ~ 2）

2 將起司片放在麵包上，進烤箱以 160 度烤約 10 分鐘。（圖 3）

3 用圓形餅乾模具和小剪刀，將起司片和海苔切割成所需形狀。

4 用平底鍋煎好太陽蛋。（圖 4）

5 將太陽蛋放在烤好的吐司上，放上起司和海苔裝飾，擠上番茄醬腮紅。（圖 5 ~ 7）

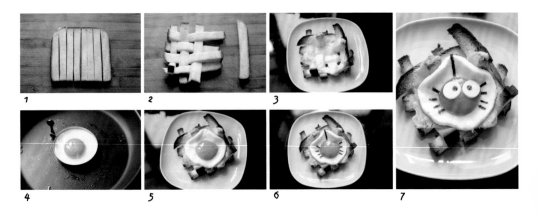

Story

傳說中，魔幻森林的山洞裡，
住了一隻法力高強的蜘蛛，只
要被牠咬一口，就可以得到超
能力，成為保護地球和平的超
級英雄。這天牠在森林裡散步，
不知道會遇見誰呢？

27

TIPS

料理用的藜麥品種可自由選購，
建議可以一次煮較大份量。

南瓜也同樣可預先烤好後切成小
塊，放涼後放進儲物盒，再放進
冰箱儲存，吃的時候在平底鍋翻
熱即可。

 Story

王小雞最喜歡媽媽了，每天
放學之後，牠都喜歡躲在媽
媽溫暖的懷裡，跟她報告學
校發生的大小事，沒有什麼
比這更幸福了！你今天有抱
抱媽媽嗎？

有媽的孩子像個寶
蔬菜藜麥沙拉配太陽蛋

材料
四季豆 .... 數條
紅腰豆（罐頭）適量
蘑菇 .... 1 朵
南瓜 .... ¼ 顆
藜麥 .... 半杯
雞蛋 .... 1 顆

造型材料
小番茄
起司片（黃色＋白色）
海苔
番茄醬

作法

1 藜麥以清水沖洗，加入雙倍的水煮 15 分鐘。（1 杯藜麥：2 杯水）（圖 1）

2 煮好後蓋上鍋蓋焗 5 分鐘。（圖 2）

3 湯匙挖掉南瓜籽，抹上橄欖油、香草（配方外）調味，包上錫紙後放烤箱以 180 度烤約 40 分鐘。（圖 3 ～ 7）

4 四季豆洗淨後切去末端，蘑菇洗淨切片，連同其他材料放進平底鍋煎熟或加熱。（圖 8）

5 用橢圓形餅乾模具將起司片、小番茄壓成所需形狀。

6 海苔切割成所需形狀；以平底鍋煎太陽蛋。（圖 9）

7 將煮好的材料和藜麥置於盤子上，放上太陽蛋、裝飾用的配件，再擠上番茄醬腮紅。（圖 10 ～ 12）

1 2 3 4

5 6 7 8

9 10 11 12

Story

太陽公公出來了！企鵝兄弟
把握機會相約去海灘曬太
陽，吹著鹹鹹的海風，赤腳
在細沙散步。
看到海就讓人煩惱盡消，你
最喜歡去哪一個海邊玩呢？

TIPS
大啡菇可用洋菇
或其他喜愛的蘑
菇種類代替。

元氣小企鵝
英式早晨全餐

材料

麵包 ....2 片
雞蛋 ....1 顆
酪梨 .... 半顆
大啡菇 ....2 朵
小番茄 ....2 粒
豆腐 ....1 塊
茄汁豆（罐頭）適量

造型材料

起司片（黃色 + 白色）
海苔
番茄醬

作法

1 大啡菇洗淨抹乾去蒂。（可以不用整個去掉，切平底部即可）

2 豆腐切條，用廚房紙印乾水份。（圖 1）

3 平底鍋內放少許油，將麵包、大啡菇、豆腐、小番茄和雞蛋都放進去一起煎煮，灑上少許海鹽調味。（圖 2）

4 半個酪梨去皮後切成薄片，向橫推開再慢慢捲起來成玫瑰花狀。（圖 3 ~ 6）

5 用圓形餅乾模具將白色起司片切成圓形，再切去頂端三角形部分。（圖 7）

6 用小刀將黃色起司片分別切出兩個小三角形和約十條長方形。（圖 8 ~ 9）

7 用打洞器將海苔打成圓形（共六個），並用小剪刀剪出嘴巴形狀。（圖 10）

8 配料煮熟後逐一放在盤子上，放上裝飾用的起司片和海苔，最後擠上番茄醬作腮紅。（圖 11 ~ 12）

海底愛情故事
紫地瓜煎餅配煎蛋

材料

雞蛋 ....2 顆
紫地瓜 ....1 個

造型材料

起司片（黃色）
海苔
番茄醬

作法

1 紫地瓜洗淨，去皮蒸熟，壓成泥並放鹽調味。

2 在平底鍋上放餅乾模具，填進地瓜泥，用手指壓平成薄餅。（圖 1 ~ 2）

3 小火將兩面煎至香脆即可。（圖 3）

4 將 2 顆雞蛋打進平底鍋中，煎熟。

5 用餅乾模具將起司片壓成所需形狀。（圖 4 ~ 6）

6 用打洞器將海苔剪成小圓形。（圖 7）

7 將煎蛋和地瓜煎餅置於盤子上，再放上裝飾用的起司片和海苔，最後擠上番茄
醬即可。（圖 8 ~ 11）

1　　2　　3　　4
5　　6　　7
8　　9　　10　　11

Story

在茫茫的大海裡，有千千
萬萬的魚兒，偏偏你和我
幸運遇上，就決定從此不
再分開，一直守護在對方
身邊，直到海枯石爛。真
摯的愛情故事，不管在陸
地或是海底都會發生啊。

Story

今年六歲的阿明最喜歡黃色，他最好的朋友是鄰居小美，他們每天都一起走路上學。阿明的志願是當醫生，小美則想做護士，不過這天先相約放學去吃披薩。

兩小無猜
番茄玉米小披薩配煎雙蛋

材料

雞蛋 ......2 顆
吐司麵包 1 片
玉米粒 .. 適量
起司絲 .. 適量

番茄（罐頭）
.... 適量

造型材料

起司片（黃色）
海苔
番茄醬

作法

1 用餅乾模具將吐司麵包裁切成心形。（圖 1 ~ 2）

2 在心形麵包上塗番茄醬，再放上玉米粒和起司絲。（圖 3）

3 將步驟 2 的麵包放進烤箱，用 180 度烤 10 ~ 12 分鐘或至起司溶化。

4 以平底鍋煎兩顆蛋。（圖 4）

5 用小刀將起司片切割成裙子和上衣的形狀。（圖 5）

6 用小剪刀將海苔剪成頭髮、嘴巴、褲子和四肢的形狀，另用打洞器打四個小圓形。（圖 6 ~ 7）

7 依次將煎蛋、裝飾用的起司片和海苔放在盤子上，用番茄醬擠上腮紅，再將焗好的小披薩放在旁邊。（圖 8 ~ 9）

1　2　3
4　5　6
7　8　9

TIPS
大啡菇可用洋菇或其他喜愛的蘑菇種類代替。

Story

一年一度的海底音樂祭又來了，熱愛爵士樂的巨蟹小子起了個大早，拉著他的好兄弟章魚俊郎出發，希望能站在第一排的位置，為最心愛的樂隊歡呼打氣！

36

海底派對
烤焗大啡菇配太陽蛋

材料

大啡菇 ....2 朵
酪梨 .... 半顆
紅腰豆（罐頭）適量
起司片 ....2 片
雞蛋 ....2 顆

造型材料

起司片（黃色）
海苔
番茄醬

作法

1 大啡菇洗淨，去除蒂頭。（圖 1 ~ 2）

2 在大啡菇內外刷上橄欖油（配方外）。（圖 3）

3 酪梨去皮切粒後，以叉子壓成醬。

4 在大啡菇底部填入酪梨醬和紅腰豆。（圖 4 ~ 5）

5 鋪上起司片，放進烤箱，用 180 度烤 20 分鐘或至起司溶化、表面金黃。（圖 6）

6 以平底鍋煎兩顆太陽蛋。（圖 7）

7 用模具和牙籤切好裝飾用的起司片，用小剪刀和打洞器剪好海苔。（圖 8）

8 將裝飾用的起司片和海苔，分別放在太陽蛋上，擠上番茄醬作腮紅。（圖 9 ~ 11）

9 將太陽蛋分別放在烤好的大啡菇上。（圖 12）

1   2   3   4
5   6   7   8
9   10   11   12

Story

TIPS

可善用平常造型餘下的起司邊。

在魚市場工作的阿瓊，每天日出前就要出海捕魚，看她認真工作的樣子多麼帥！小船上都是她今天的收穫，看來人們將大飽口福呢！

今天去釣魚

起司烤風琴馬鈴薯配太陽蛋

材料
馬鈴薯 ....1 顆
起司絲 .... 適量
雞蛋 ....1 顆

造型材料
起司片（黃色 + 白色）
海苔
黑芝麻

作法

1 馬鈴薯洗淨後用叉子在表皮戳小洞，放進微波爐加熱一分鐘。（圖 1）

2 將木筷子放在已加熱軟化的馬鈴薯旁邊，再用刀切成薄片。（圖 2）

3 在馬鈴薯片之間夾進起司。（圖 3 ~ 4）

4 在馬鈴薯上放起司絲，放進烤箱用 180 度烤約 15 分鐘。

5 用平底鍋煎太陽蛋。

6 用模具和小刀將起司片切成所需形狀。（圖 5）

7 用小剪刀將海苔剪成所需形狀。（圖 6）

8 將太陽蛋和馬鈴薯置於盤子上，放上裝飾用的起司片和海苔，並以黑芝麻作貓咪和小魚兒的眼睛。（圖 7 ~ 12）

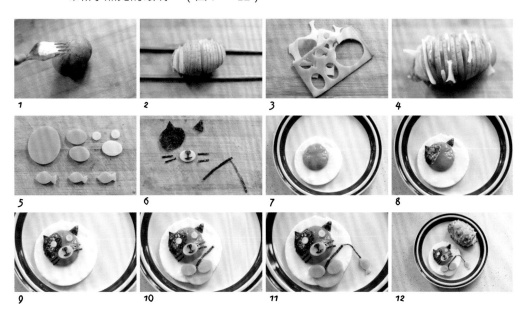

1　　2　　3　　4

5　　6　　7　　8

9　　10　　11　　12

小熊過馬路
海帶豆腐沙拉配太陽蛋

材料

豆腐 ....4 小塊
乾燥海帶 .... 適量
雞蛋 ....1 顆

造型材料

起司片（黃色）
海苔

作法

1 用熱水將乾燥海帶泡開，抹乾水份，拌入和風芝麻醬或油醋（配方外）調味。（圖 1）

2 用廚房紙印乾豆腐水份，放進平底鍋煎至兩面金黃。（圖 2）

3 同時在平底鍋煎太陽蛋。（圖 3）

4 用模具和小刀將起司片切成所需形狀。（圖 4）

5 用打洞器和小剪刀將海苔剪成所需形狀。（圖 5）

6 將海帶鋪放在盤子下方，放上煎好的太陽蛋。（圖 6～7）

7 放上豆腐、裝飾用的起司片和海苔。（圖 8）

Story

大雄是一個遵守交通規則的乖孩子，即使斑馬線被太陽曬得熱燙，牠也不會胡亂過馬路啊！馬路如虎口，注意安全非常重要！

今天的月亮長什麼樣子呢？我要等到月圓之夜才可以奔月，到月亮上找我的兔子朋友，看來還要等多半個月呢。

月亮代表我的心
薑黃煎餅配太陽蛋

用雞蛋開始每一天！

15 太陽蛋 ● 造型食譜

材料
高筋麵粉 30g
薑黃粉 2g
水 70mL
鹽 .... 少許
雞蛋 ....1 顆

造型材料
起司片（黃色）
海苔

作法

1 將高筋麵粉、薑黃粉、鹽和水混合成麵糊。（圖 1）

2 預熱平底鍋，將麵糊倒進去，輕搖鍋子令麵糊形成圓形。（圖 2）

3 用小刀和圓形模具將起司片切出所需形狀。（圖 3）

4 將剩餘的起司片放在煎餅的其中一邊，然後摺起。（圖 4）

5 在平底鍋煎太陽蛋。（圖 5）

6 用小剪刀和打洞器將海苔剪成所需形狀。（圖 6）

7 將煎餅和太陽蛋置於盤子上，再放上裝飾用的起司片和海苔，擠上番茄醬（份量外）作腮紅。（圖 7 ～ 10）

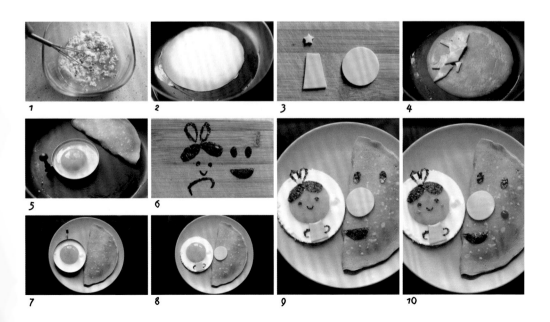

上學了，我的書包還未整理好！
要帶什麼啊？國語課本、數學
課本⋯⋯呀，還有善良的眼鏡，
戴上它我才可以一直看到可愛
又美好的事情啊！

善良的眼鏡
巧克力吐司配煎雙蛋

 材料
雞蛋 .... 2 顆
吐司麵包 ....1 片
巧克力醬 .... 適量
沙拉菜 .... 適量

 造型材料
起司片（黃色）
海苔
巧克力醬

 作法

1 沙拉菜洗淨抹乾水置於盤子上。（圖 1）

2 吐司麵包去邊，切成長條形。（圖 2）

3 麵包抹上巧克力醬，對摺成書本形。（圖 3～5）

4 以巧克力醬在麵包寫上「Book」字樣。（圖 6）

5 用平底鍋煎雙蛋。（圖 7）

6 用小刀將起司片切成所需形狀。（圖 8）

7 用小剪刀和打洞器將海苔切成所需形狀。（圖 9）

8 將所有材料置於盤子上，放上裝飾用的起司片和海苔，擠上番茄醬（配方外）腮紅。（圖 10～11）

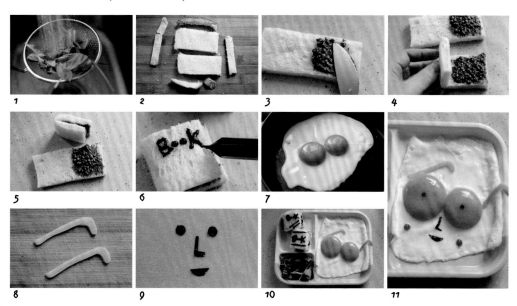

唱作才子的彩虹舞台

糖醋麵餅配太陽蛋

材料

麵條 .... 1 束
糖 .... 適量
黑醋 .... 適量
雞蛋 .... 1 顆

造型材料

起司片（白色 + 黃色）
海苔

作法

1 麵條依包裝指示煮好，瀝乾水份。（圖 1 ~ 2）

2 倒一點油在平底鍋，將麵條放進去，兩面煎至香脆。（圖 3）

3 在平底鍋煎太陽蛋。（圖 4）

4 用刀子和小剪刀將起司片和海苔切成所需形狀。（圖 5）

5 將煎麵條和太陽蛋置於盤子上。（圖 6 ~ 7）

6 放上裝飾用的起司片和海苔，吃的時候倒上糖和黑醋。（圖 8 ~ 10）

Story

一年一度的彩虹音樂
節又來了！我最愛的
唱作才子也有參與演
出呢，不知道他這次
會唱什麼歌呢？我一
定要站在第一排支持
他！

萬聖節的夜晚是女巫小娟一年裡最繁忙的一天，她由城東到城西，參加不同鬼怪朋友的派對，吃好多美味的糖果，你有見到她在天邊劃過嗎？

48

女巫的夜晚
黑芝麻吐司配太陽蛋

材料

吐司麵包 ....1 片
黑芝麻醬 .... 適量
雞蛋 ....1 顆

造型材料

起司片（黃色＋白色）
海苔

作法

1 用刀子將吐司麵包切成房子的形狀，放進烤
　箱用 180 度烤約 5 分鐘。（圖 1）

2 以平底鍋煎太陽蛋。（圖 2）

3 在烤好的吐司上塗滿黑芝麻醬，放上適當大
　小的起司片。（圖 3 ～ 4）

4 以小剪刀將海苔剪成所需形狀，小刀將起司
　片切成所需形狀。（圖 5）

5 將吐司和太陽蛋置於盤子上。（圖 6）

6 放上裝飾用的起司片和海苔片。（圖 7 ～ 9）

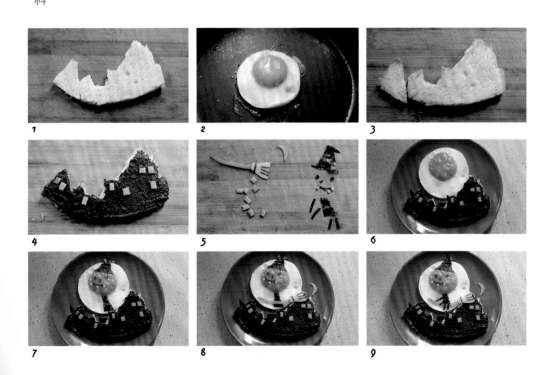

 Story

小怪獸雖然頭上長角又缺了兩顆牙，但它有一隻超級善良的大眼睛，只會看到可愛又美麗的事情。如果在街上遇到牠，記得跟牠一起做好事，令世界變得更美好啊！

TIPS

橙汁蜂蜜煮紅蘿蔔可於周末預先煮好，放涼後盛在保鮮盒內存放在冰箱，吃的時候用平底鍋翻熱即可。

早安小怪獸
香煎太陽蛋吐司

材料
吐司麵包 ....1 片
雞蛋 ....1 顆
起司 .... 適量
小番茄 ....2 顆
迷你紅蘿蔔 ....3 條
橘子 ....1 個
蜂蜜 .... 適量

造型材料
海苔
番茄醬

作法

1 紅蘿蔔洗淨去皮。（圖 1 ~ 2）

2 榨橘子汁備用。（圖 3）

3 用橘子汁煮紅蘿蔔，加適量的蜂蜜和鹽（配方外）調味，煮至柔軟即可。（圖4 ~ 6）

4 用圓形餅乾模具在吐司麵包上半部挖洞。（圖 7）

5 用小剪刀在麵包皮上剪兩個三角形，向上摺起即成怪獸的角。（圖 8）

6 將麵包、紅蘿蔔和小番茄放在平底鍋上烘熱。（圖 9）

7 雞蛋先打進碗中，再倒進麵包中央的洞裡。

8 用小剪用將海苔剪成怪獸的嘴巴形狀。（圖 10）

9 放一些起司絲或切碎的起司在平底鍋上，煎至半溶後將麵包置於其上。（圖 11）

10 繼續煎至蛋白全熟。（有需要可以蓋上鍋蓋）（圖 12）

11 用美乃滋（配方外）將裝飾用的海苔放在吐司上，擠上番茄醬作腮紅。

聰明的獅子

玉米煎蛋配小餐包

材料	雞蛋 .... 1 顆	造型材料	起司片（黃色＋白色）
	玉米粒（罐頭）適量		海苔
	小餐包 .... 1 個		
	黑芝麻醬 .... 適量		

 作法

1 在平底鍋上將玉米粒堆成環狀，將雞蛋打在中間。（圖1）

2 用小剪刀和打洞器將海苔剪成所需形狀。（圖2）

3 小餐包切半，將上半部的麵包切出三分一，做成尾巴的形狀。（圖3～4）

4 麵包的下半部抹上黑芝麻醬。（圖5）

5 用餅乾模具和刀將起司片切成所需形狀。

6 將玉米煎蛋放在盤子上（沒黏緊掉下來的玉米粒放在旁邊即可），將小餐包、裝飾用的起司片和海苔放上。（圖6～9）

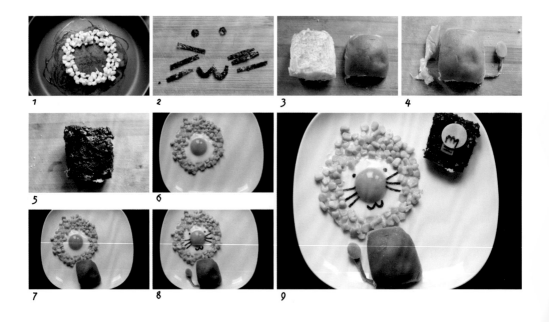

Story

智商有180的獅獅喜歡讀書，牠最愛的學科是數學和物理，志願是當一個科學家，研究宇宙起源和發明一些推動世界和平的產品，我們一起來為牠打氣吧！

青蛙阿福是一隻非常善良的青蛙，牠立志每天都要做善事，幫助社會上有需要的人。公主得知牠的行徑之後覺得感動，決定策封牠為王子。

公主與青蛙王子
火龍果酪梨沙拉配太陽蛋

材料

沙拉菜	適量
火龍果	半顆
酪梨	半顆
檸檬	半顆
雞蛋	1 顆
小番茄	2 顆
細餅乾條	2 根

造型材料

起司片（黃色）
海苔

作法

1 火龍果去皮切薄片，用星形模具壓成小星星。（圖 1 ~ 2）

2 小番茄切成小塊。（也可以切成心形喔）（圖 3 ~ 4）

3 用羹匙將酪梨挖出來，在底部約三分一位置切一刀。

4 用圓形模具在酪梨片壓出兩片小圓塊。（圖 5）

5 以平底鍋煮圓形太陽蛋；用細餅乾條將小酪梨片固定在半個酪梨上， 在酪梨上擠檸檬汁防止氧化。（圖 6 ~ 8）

6 用打洞器和小剪刀將海苔剪成所需形狀，用小刀將起司片切成所需形狀。（圖 9）

7 將沙拉菜、火龍果星星和番茄置於盤子上，擠上少許檸檬汁。（圖 10）

8 將酪梨和太陽蛋置於盤子上，放上裝飾用的起司片和海苔。（圖 11 ~ 12）

1   2   3   4

5   6   7   8

9   10   11   12

56

忙碌的媽媽
花生醬酪梨麵包配太陽蛋

材料

 小麵包 ....1 個
酪梨 ....1 個
檸檬 .... 半顆
雞蛋 ....1 顆
花生醬 .... 適量

造型材料

 起司片（黃色）
海苔

 作法

1 小麵包對半切開，放進烤箱以 180 度烤約 5 分鐘。（圖 1）

2 酪梨去皮去核後切成小顆粒，置於碗中，用叉子壓成泥狀，可放入檸檬汁防止氧化。（圖 2 ~ 4）

3 在烤好的麵包上塗上花生醬，再放上酪梨醬。（圖 5 ~ 6）

4 用平底鍋煎太陽蛋。

5 用打洞器和小剪刀將海苔剪成所需形狀，以小刀將起司片切成所需形狀。（圖 7）

6 將酪梨麵包和太陽蛋置於盤子上，放上裝飾用的起司片和海苔，擠上番茄醬（配方外）腮紅。（圖 8 ~ 10）

1 2 3 4
5 6 7
8 9 10

愛因斯坦的實驗室

茶香紅豆夾餅配太陽蛋

材料

雞蛋 ....2 顆
麵粉 35g
發粉 5g
鹽 1g
綠茶粉 2g
豆奶 35mL
蜜紅豆（罐頭）適量

造型材料

起司片（白色）
海苔
巧克力筆

作法

1 將 1 顆雞蛋、麵粉、發粉、鹽、綠茶粉和豆奶混合，靜置約 5 分鐘。（圖 1 ～ 2）

2 用牙籤、打洞器和小剪刀，將起司片和海苔切成所需形狀。（圖 3）

3 在平底鍋煎小煎餅和太陽蛋。（圖 4）

4 煎好的太陽蛋先置於盤子上，放上裝飾用的起司片和海苔。（圖 5 ～ 6）

5 所有煎餅都煎好後，以兩片為一組，在其中一片上放蜜紅豆，再放上另一個煎餅。（圖 7 ～ 9）

6 將煎餅置於盤子上，用巧克力筆在煎餅畫上科學符號。（圖 10）

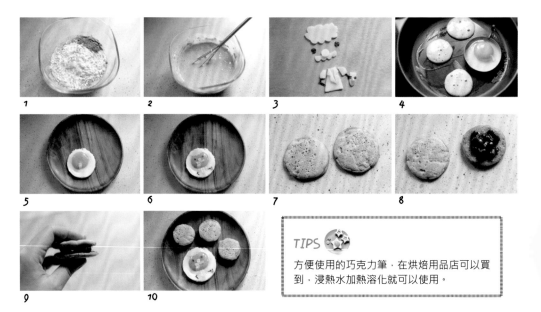

TIPS

方便使用的巧克力筆，在烘焙用品店可以買到，浸熱水加熱溶化就可以使用。

Story

能夠用科學公式解釋世界實在太棒了，你最喜歡哪一個科學家呢？我最崇拜愛因斯坦爺爺，有朝一日我會明白他寫下的各種偉大理論。

TIPS
喜歡的話蛋液中可以加少許肉桂粉。

Story

再過幾天就是小明的生日了！這天他去挑選生日禮物，一份給爸爸，一份給媽媽，要在這個特別的日子，感謝他們的愛和無微不至的照顧。

60

小明的生日禮物
花生醬法吐配太陽蛋

材料

吐司麵包 ....1 片
雞蛋 ....2 顆
花生醬 .... 適量
豆奶 ....1/ 3 杯

造型材料

起司片（黃色）
海苔
番茄醬

作法

1 吐司麵包切成四份，其中兩片塗上花生醬，疊起成兩份三明治。（圖 1 ～ 2）

2 雞蛋和豆奶拌勻成蛋液。（圖 3 ～ 4）

3 將步驟 1 的三明治浸在蛋液中，兩邊浸透。（圖 5）

4 在平底鍋放少許牛油，將浸了蛋液的三明治煎至兩面金黃。（圖 6）

5 同時在平底鍋煎一枚太陽蛋。（圖 7）

6 用小刀將起司片切成所需形狀，小剪刀和打洞器將海苔切成所需形狀。（圖 8）

7 太陽蛋煎好後先置於盤子上，放上裝飾用的起司片和海苔。（圖 9）

8 將煎好的法式吐司置於盤子上，放上裝飾用的起司片，番茄醬擠在帽子頂端、
臉頰腮紅。（圖 10）

1　2　3　4

5　6　7

8　9　10

雞蛋花園
花生醬起司蛋三明治

材料
雞蛋 ....2 顆
英式鬆餅 ....1 個
沙拉菜 .... 適量
起司片 .... 適量
花生醬 .... 適量

造型材料
起司片（黃色）
海苔

作法

1 英式鬆餅對切，在平底鍋烘熱烘脆，同時煎一顆太陽蛋。

2 用餅乾模將起司片切成所需形狀。（圖 1）

3 用小剪刀將海苔剪成幼長條。

4 在烘好的英式鬆餅上塗上花生醬，放一些沙拉菜。（圖 2）

5 將太陽蛋放在其中一個英式鬆餅上，放上裝飾用的起司片、海苔條和沙拉菜。
（圖 3 ~ 4）

6 另一顆雞蛋打散成蛋液，煎成薄蛋皮。（圖 5 ~ 6）

7 將蛋片對摺再切成長方形，用圓形模具切出多個半圓形。（圖 7 ~ 8）

8 將半圓形蛋餅皮重疊排成一列，從其中一邊慢慢捲起。（圖 9 ~ 11）

9 將起司片和蛋皮玫瑰放在另一個英式鬆餅上，再放上沙拉菜作裝飾。（圖 12）

1 小花

2 籃球

5 豬仔

6 鴨子

9 企鵝

10 大象

13 黃雞

14 長頸鹿

3 土星

4 鳳梨

7 狸貓

8 綿羊

11 鹿兒

12 小狗

15 獅子

16 熊熊

17 老虎

18 花貓

21 蜘蛛

22 蜜蜂

25 八爪魚

26 魚骨

29 女孩

30 嫦娥

19 蝸牛

20 蜜蜂

23 螃蟹

24 螃蟹

27 魚

28 男孩

31 海盜

32 毛毛蟲

以可愛與美味兼備的雞蛋當主角

「預備裝飾部件、參考完成圖位置放上就可以了」

在餐盤上創作，除了鍛練創意也是一種生活情趣。透過餐點記錄此刻的心情或是特別的日子，每次在腦海中構思，繪畫草圖到實際製作，都會出現意想不到的驚喜，有時比幻想更美好，有時需要臨時變更，都非常有趣味！

雞蛋造型食譜

Story

花蜜蜂：你們今天去哪一家採花蜜呀？

班蜜蜂：村長家的大紅花開了，我們正趕著去那邊呢！

小蜜蜂：一起走吧！

 材料

雞蛋 .... 2 顆
吐司麵包 .... 1 片
起司片 .... 適量
小番茄 .... 適量
四季豆 .... 適量

 造型材料

海苔
黑芝麻
番茄醬
起司片（黃色）

70

花園裡的小蜜蜂
玉子捲配烤吐司

用雞蛋開始每一天！

26 雞蛋 ● 造型食譜

作法

1 小番茄切片，四季豆切成幼條。（圖 1 ～ 2）

2 在吐司麵包上依次放上起司片、番茄片和四季豆條，放進烤箱用 180 度烤約 8 分鐘。（圖 3）

3 雞蛋打進碗中，打勻成蛋液，加一點鹽（配方外）調味。

4 在平底鍋抹上少許油，倒進 1/3 蛋液。（圖 4 ～ 5）

5 蛋片成形後輕輕捲起，再倒進 1/3 蛋液，重覆步驟至蛋液用完。（圖 6 ～ 7）

6 蛋捲煎好後切成小段，海苔用小剪刀剪成長條形。（圖 8）

7 將海苔條放在蛋捲上，剪好所需長度，用小鉗子放上黑芝麻當作眼睛，以番茄醬畫上嘴巴。（圖 9 ～ 10）

8 用橢圓形模具將起司片切成小橢圓片。（圖 11）

9 把烤好的吐司麵包從烤箱取出，依次擺盤即可。（圖 12）

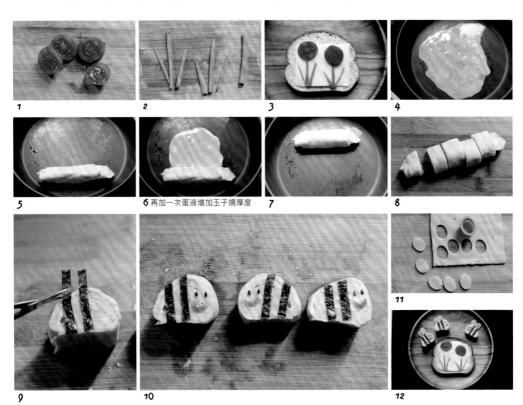

6 再加一次蛋液增加玉子燒厚度

71

Story

小黃雞：星期一！不
想起床啊，可以再睡
十五分鐘嗎？
小白雞：再不起床就
要被吃掉了！

材
料

 雞蛋 ....2 顆
小番茄 ....3 顆
洋蔥 ....¼ 顆
起司 .... 適量
麵包 ....2 片

 造型材料
海苔
起司片（黃色）
番茄醬

 TIPS
材料中的起司可以起司絲代替。

72

抱抱小黃雞

番茄洋蔥起司蛋捲三明治

作法

1 洋蔥、番茄和起司切粒。（圖 1）

2 平底鍋放少許油，將洋蔥煮軟。（圖 2）

3 加入番茄粒和少許鹽（配方外）調味。（圖 3）

4 洋蔥和番茄炒好後先用小碗盛起，加入起司粒備用。（此為餡料）

5 雞蛋打勻。

6 用廚房紙將平底鍋抹乾淨，放在濕毛巾上降溫。

7 將雞蛋倒進去煎成蛋皮。

8 用鍋鏟將蛋皮切半，放上炒好的餡料。（圖 4～5）

9 各自捲起，盛盤。（圖 6）

10 用小剪刀將海苔剪成長條，兩端塗少許美乃滋（配方外）。（圖 7）

11 用餅乾模具將起司片壓成所需形狀。（圖 8）

12 用打洞器和小剪刀將海苔剪成所需形狀。（圖 9）

13 將蛋捲分別放在麵包上，黏上海苔條。（圖 10）

14 放上造型用的起司片和海苔，用番茄醬畫上腮紅。（圖 11～12）

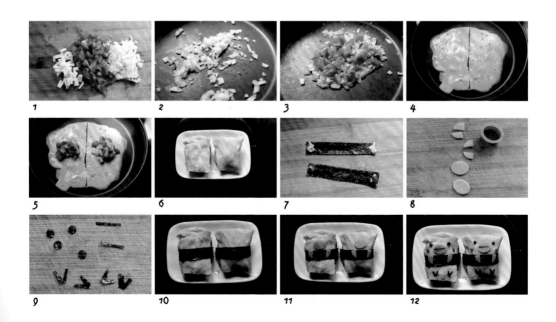

我愛爸爸
我愛媽媽
我愛老師
我愛同學
我愛我的小狗阿奇
我愛我的盆栽青青
還有誰呢？有愛的人一定要
告訴他啊！

愛的小麵包
四色蛋皮三明治

作法

1 雞蛋打勻,用平底鍋煎成薄蛋皮。
  (圖1)

2 煎好後切成四份,壓模。(圖2~3)

3 將吐司麵包去皮切成四小份。(圖4)

4 在麵包上分別放上起司片和塗上抹醬。
  (圖5)

5 用蛋皮將麵包分別包起來。(圖6)

材料

雞蛋 .... 1 顆
吐司麵包 .... 1 片
起司片 .... 1 片
紅菜頭醬 .... 適量
黑芝麻醬 .... 適量
花生醬 .... 適量

1

2

3

4

5

6

完成圖

TIPS

材料中的起司可
以起司絲代替。

Story

兔寶寶喜歡牠的點點被子，
柔軟溫暖好舒服，每天晚上
都要抱著它香香入睡，睡到
日上三竿都不願起床。這樣
可不行啊！上課遲到會被老
師處罰的！

76

愛睡的兔寶寶

蘑菇起司配兔兔奶油吐司

材料

吐司麵包	1 片
奶油	適量
雞蛋	1 顆
蘑菇	1 朵
起司	適量

造型材料

起司片（黃色）
海苔
番茄醬

作法

1 用餅乾模具和刀將麵包切成所需形狀。（圖 1 ～ 2 ）

2 在麵包上塗上奶油，蘑菇洗淨後切片，起司切小塊。（圖 3 ）

3 雞蛋打進碗裡，將約 1/3 蛋白置於另一碗中，將雞蛋打散成蛋液，蛋白備用。（圖 4 ）

4 在平底鍋將蘑菇煎熟，用小剪刀將海苔剪成所需形狀。（圖 5 ）

5 蘑菇煎好後先起鍋放一旁備用，用廚房紙將平底鍋抹乾淨，再將平底鍋放在濕毛巾上降溫。

6 用小火煎蛋皮，成形後先關火，再用餅乾模具切出小圓洞。（圖 6 ）

7 將預留的蛋白倒進洞中，將蘑菇和起司放在蛋皮上，摺起成半圓形即可。（圖 7 ～ 9 ）

8 將蛋、奶油吐司置於盤子上。（圖 10 ）

9 用餅乾模具將起司片壓出「Z」字，放在盤子上裝飾。（圖 11 ）

10 放上造型用的海苔，擠上番茄醬作腮紅。（圖 12 ）

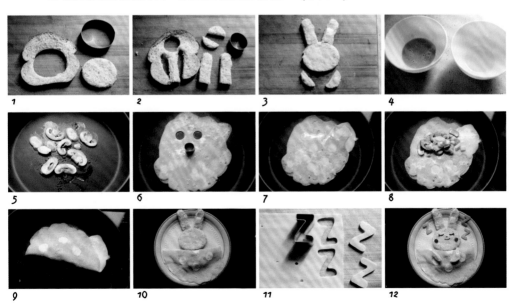

Story

呼～好熱啊～回家趕快打開冰箱看看有什麼飲料，還好昨天有買啤酒！立即來一個清涼乾杯，驅走暑氣！

清涼的夏日乾杯
南瓜起司蛋捲配奇異果沙拉

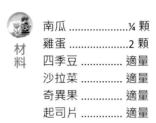

材料
南瓜 .... ¼ 顆
雞蛋 .... 2 顆
四季豆 .... 適量
沙拉菜 .... 適量
奇異果 .... 適量
起司片 .... 適量

造型材料

起司片（白色）

作法

1 將南瓜和四季豆蒸熟。

2 奇異果去皮後切片再切成半圓形。（圖 1）

3 將蒸熟的南瓜切小丁。（圖 2）

4 將起司片切割成長方形。（圖 3）

5 雞蛋打散成蛋液，在平底鍋煎成蛋餅皮。

6 將起司片置於蛋皮中間，放上南瓜丁，再將蛋皮四邊摺起。（圖 4 ~ 6）

7 將沙拉菜和奇異果片置於盤子上，放上煎好的蛋捲。（圖 7 ~ 9）

8 將四季豆切成跟蛋捲邊緣一樣的長度，置於蛋捲旁邊。（圖 10）

9 用小刀和模具將起司片切成所需形狀，放在蛋捲上。（圖 11 ~ 12）

1   2   3   4
5   6   7   8
9   10   11   12

藍色小池塘

玉子捲配藍色麵線

材料

冬粉 .... 適量
雞蛋 ....2 顆
蝶豆花 ....5 ~ 6 朵
毛茄（秋葵）.....2 條

造型材料

起司片（黃色）
海苔

作法

1 毛茄洗淨川燙約 30 秒，切片備用。（圖 1 ~ 2）

2 冬粉泡在蝶豆花水中約 10 分鐘。（圖 3）

3 雞蛋打散成蛋液，在平底鍋煎成玉子捲。（圖 4 ~ 7）

4 先將冬粉置於碗中，毛茄鋪放在碗的下方。（圖 8 ~ 9）

5 玉子捲切厚片後置於冬粉上。（圖 10）

6 用打洞器和小剪刀將海苔剪成所需形狀，用模具和刀子將起司片切成所需形狀。
（圖 11）

7 在玉子捲上放上裝飾用的海苔和起司片，用餘下的玉子捲切出尾巴的形狀並放
在玉子捲後方。（圖 12）

TIPS 建議採用冬粉、米粉或其他透明的麵條！
增加玉子燒厚度的方法可參考《花園裡的小蜜蜂》P.71，步驟 4 ~ 5。

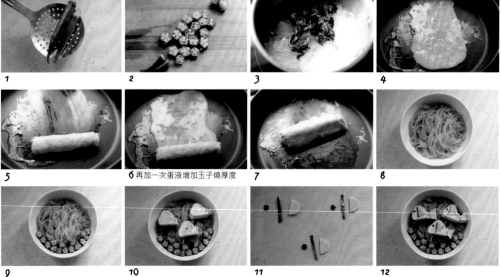

6 再加一次蛋液增加玉子燒厚度

Story

哥哥一臉神秘說要帶我去一個特別的地方，原來他在學校後面發現一個水清見底的小池塘，波光粼粼的池水下面還有小魚游來游去呢！

小綿羊牧場
水煮蛋配酪梨花圈

 材料

酪梨　　1 顆
雞蛋　　1 顆
沙拉菜　適量

 造型材料

起司片（黃色）
海苔
餅乾條
黑芝麻

 作法

1 沙拉菜洗淨擦乾，鋪放在盤子裡。（圖 1）

2 將雞蛋放在鍋子裡，以冷水蓋過，水煮開後續煮七分鐘。

3 酪梨切半去皮去核，切薄片再推開，鋪成花圈的形狀。（圖 2 ~ 4）

4 將花圈酪梨放上盤子。（圖 5）

5 以牙籤將起司片切成所需形狀，用小剪刀將海苔剪成所需形狀。（圖 6）

6 水煮蛋剝殼切半，置於酪梨上。（圖 7）

7 放上裝飾用的起司片和海苔，以黑芝麻點綴眼睛，插上餅乾條。（圖 8）

TIPS

也可以做成熊貓造型哦！（圖 9）

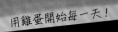

 Story

牧場裡面有幾隻小綿羊呢？

一隻綿羊

兩隻綿羊……

千萬不要晚上來牧場數綿羊啊，

一不小心就會數到睡著了。

Story

吱～吱吱～

樹上傳來神奇十足的聲音，到底是誰呢？原來鳥媽媽在樹上築了巢，三隻小鳥剛出生了！牠們肚子一定很餓，全都張著嘴吱吱叫，等待媽媽回來發早餐。

鳥巢吱吱喳
水煮蛋沙拉

材料

 沙拉菜 .... 適量
沙拉醬 .... 適量
雞蛋 ....1 顆

造型材料

 起司片（黃色）
海苔

 作法

1 沙拉菜洗淨抹乾水，鋪放在盤子裡，可拌入喜歡的沙拉醬，也可邊沾邊食用。（圖 1）

2 將雞蛋放在鍋子裡以冷水蓋過，水煮開後續煮七分鐘。（圖 2）

3 水煮蛋泡水剝殼、切片，將其中三片放在沙拉上。（圖 3 ~ 6）

4 用小刀將起司片切成小鳥嘴巴的形狀。（圖 7）

5 用小剪刀和打洞器將海苔剪出小鳥眼睛、頭髮、腳丫的形狀。（圖 8）

6 將裝飾用的起司片和海苔放在水煮蛋片上。（圖 9 ~ 10）

1
2
3
4
5
6
7
8
9
10

TIPS

南瓜可以隔水蒸熟，
或以烤箱預先將南瓜
烤熟。

 Story

李家有三個小孩，大姐芬芬
愛她兩個雙生弟弟，這天兩
手各拖一個，帶他們去公園
玩耍。兩個弟弟身高體重外
貌一模一樣，媽媽特別幫他
們理了不同髮型，這樣大家
才分得出來。

86

三姊弟的聚會

南瓜泥水煮蛋吐司

材料

吐司麵包 ....1 片
南瓜 ....¼ 個
雞蛋 ....1 顆
起司片 ....1 片

造型材料

海苔
黑芝麻
番茄醬

作法

1 將雞蛋放在鍋子裡以冷水蓋過，水煮開後計時 8 分鐘。（圖 1）

2 將雞蛋取出置於冰水中，剝殼切片。（圖 2 ～ 3）

3 吐司麵包對半切開。（圖 4）

4 用叉子將煮熟的南瓜壓成泥。（圖 5）

5 用小剪刀將海苔剪成頭髮的形狀。（圖 6）

6 麵包上先放起司片，鋪上南瓜泥，再放上水煮蛋片。（圖 7 ～ 9）

7 將裝飾用的海苔和黑芝麻放在水煮蛋上，擠上番茄醬作腮紅，放上麵包片。

　（圖 10 ～ 12）

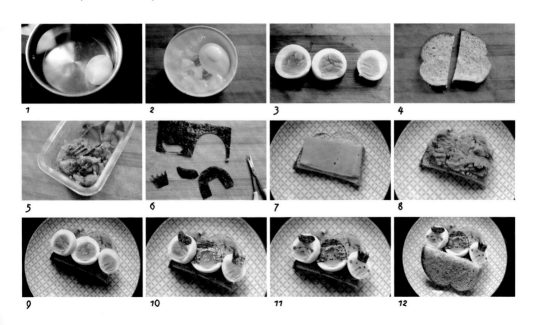

1　2　3　4

5　6　7　8

9　10　11　12

王大熊的皮膚又嫩又滑，每個人見到都讚不絕口，問牠護膚心得，牠總是說要多曬太陽，吸收維他命D。當你充滿陽光氣息的時候，就由外到內都發出光芒了！

陽光下的小熊
蘑菇炒蛋

 材料

雞蛋 .... 2 顆
白蘑菇 .... 3 朵

 造型材料

海苔
起司片（白色）
番茄醬

 作法

1 雞蛋打進碗中，打散成蛋液，加少許鹽調味。（圖 1）

2 平底鍋放適量奶油，將蛋液倒進去，持續攪拌至煮熟。（圖 2 ～ 3）

3 炒蛋置於盤子上，略排成圓方形。（圖 4）

4 以平底鍋煎熟白蘑菇。（圖 5）

5 煎好的白蘑菇放在炒蛋上。（圖 6）

6 用小剪刀將海苔剪成眼睛、鼻子和嘴巴的形狀。（圖 7）

7 利用吸管將起司片切成小圓形，作為眼睛的發光點。（圖 8）

8 將裝飾用的海苔和起司片放在炒蛋上，擠上番茄醬作腮紅。（圖 9 ～ 10）

愛笑的小女孩
起司烘蛋奶醬三明治

 材料

英式鬆餅 .... 半個
雞蛋 .... 1 顆
沙拉菜 .... 適量
花生醬 .... 適量
煉乳 .... 適量

 造型材料

起司片（黃色）
海苔
番茄醬

 作法

1 英式鬆餅在平底鍋烘熱烘脆。
2 雞蛋打散成蛋液。（圖 1）
3 圓形煎蛋模抹油，置放平底鍋上，倒進一半蛋液。（圖 2）
4 用模具將起司片切成所需形狀，以小剪刀將海苔剪出所需形狀。（圖 3 ~ 4）
5 將起司邊放在半熟的蛋液上，再倒進另一半蛋液。（圖 5 ~ 6）
6 在烘好的英式鬆餅上塗上花生醬，再塗上煉乳，放上沙拉菜。（圖 7 ~ 9）
7 烘蛋半凝固翻轉另一面煎約半分鐘。
8 將烘蛋置於沙拉菜上，放上裝飾用的起司片和海苔，用番茄醬擠上髮飾。
（圖 10 ~ 12）

1 2 3 4
5 6 7 8
9 10 11 12

我有一個很喜歡笑的鄰居，她臉上無時無刻掛著大大的笑容。她最喜歡吃港式料理，尤其是茶餐廳的花生醬煉乳吐司，她說這是香港特色風味呢。

吃玉米的雞

玉米起司蛋捲配彩虹小麵包

<table>
<tr><td rowspan="7">材料</td><td>小餐包 ....1 個</td><td rowspan="3">造型材料</td><td>起司片（黃色）</td></tr>
<tr><td>雞蛋 ....1 顆</td><td>海苔</td></tr>
<tr><td>玉米粒（罐頭）適量</td><td>番茄醬</td></tr>
<tr><td>沙拉菜 .... 適量</td><td></td></tr>
<tr><td>小番茄 .... 適量</td><td></td></tr>
<tr><td>醃紅蘿蔔 .... 適量</td><td></td></tr>
<tr><td>醃紫椰菜 .... 適量</td><td></td></tr>
</table>

作法

1 用刀子在小餐包切出四個開口。（圖 1）

2 分別放入小番茄片、醃紅蘿蔔、沙拉菜和醃紫椰菜。（圖 2）

3 雞蛋打散成蛋液，在平底鍋煎成圓形蛋皮。（圖 3）

4 用刀子和模具將起司片切成所需形狀，小剪刀將海苔剪成所需形狀。
（圖 4）

5 將玉米粒和起司片邊置於蛋皮其中一邊。（圖 5 ~ 6）

6 將蛋皮對摺成半圓形。（圖 7）

7 將半圓形蛋捲置於盤子上，放上裝飾用的起司片和海苔。（圖 8 ~ 9）

8 番茄醬擠出雞冠和腳丫，將彩虹小麵包放在盤子上。（圖 10 ~ 11）

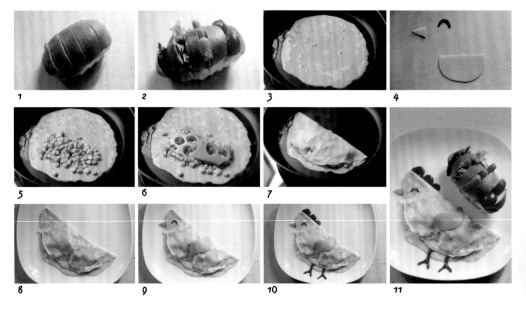

Story

黃阿雞長得又結實又強壯，你知道為什麼嗎？因為牠喜歡吃玉米，每天都要吃好多好多玉米，身體吸收足夠營養，自然可以快快長大了！

飛天火車
厚燒玉子糙米飯

 材料

雞蛋 .... 2 顆
糙米飯 .... 半碗

 造型材料

起司片（黃色）
海苔
餅乾條

TIPS 以牛奶盒自製厚燒玉子模具，家裡沒有厚燒玉子專用鍋可以用這個代替，將洗淨的牛奶盒剪
開成約 3 厘米寬的長條，用釘書機組合成長方形模具。（圖 1）

 作法

1 在玉子模具上抹油再放上平底鍋。

2 雞蛋打散成蛋液，倒進模具中。（圖 2）

3 蛋液凝固後慢慢捲起，倒進餘下的蛋液，重覆步驟至蛋液用完。（圖 3 ~ 6）

4 將煎好的玉子捲切成厚片。（圖 7）

5 用小剪刀將海苔剪成所需形狀。（圖 8）

6 利用餅乾模具將糙米飯壓出飯糰，將玉子燒放在飯上，再放上裝飾用的海苔。
（圖 9 ~ 11）

7 用餅乾條排列火車軌的形狀，用起司片切出月亮和星星裝飾。（圖 12）

1　　2　　3　　4

5　　6　　7　　8

9　　10　　11　　12

Story

噹噹噹～
半夜忽然傳來火車的鳴聲，神秘列車就停在窗外，你是否有勇氣坐上不知目地的列車，展開刺激的探險之旅！

Cooking：11

超可愛

Q萌 雞蛋料理
雞 蛋 的 萌 系 早 午 餐

國家圖書館出版品預行編目（CIP）資料

Q萌雞蛋料理：雞蛋的萌系早午餐/陳凱蓉著. --
一版 . -- 新北市：優品文化, 2022. 05；96 面；
17x23 公分 . --（Cooking；11）
ISBN　978-986-5481-25-4（平裝）
1. 蛋食譜

427.26　　　　　　　　　　　111004482

作　　　者	陳凱蓉
總 編 輯	薛永年
美 術 總 監	馬慧琪
文 字 編 輯	蔡欣容、董書宜
封 面 設 計	黃頌哲

出 版 者　優品文化事業有限公司
　　　　　地址：新北市新莊區化成路 293 巷 32 號
　　　　　電話：(02) 8521-2523 / 傳眞：(02) 8521-6206
　　　　　信箱：8521service@gmail.com （如有任何疑問請聯絡此信箱洽詢）

印　　　刷　鴻嘉彩藝印刷股份有限公司

業 務 副 總　林啓瑞 0988-558-575

總 經 銷　大和書報圖書股份有限公司
　　　　　地址：新北市新莊區五工五路 2 號
　　　　　電話：(02) 8990-2588 / 傳眞：(02) 2299-7900

網 路 書 店　www.books.com.tw 博客來網路書店

出 版 日 期　2022 年 5 月
版　　　次　一版一刷
定　　　價　220 元

上優好書網　　　FB 粉絲專頁　　　LINE 官方帳號　　　Youtube 頻道